神奇火山 魅力草原

——锡林郭勒草原火山国家地质公园

李耀泉 李文智 编著

远方出版社

图书在版编目（CIP）数据

神奇火山 魅力草原：锡林郭勒草原火山国家地质公园 / 李耀泉，李文智编著. -- 呼和浩特：远方出版社，2022.5

ISBN 978-7-5555-1717-7

Ⅰ. ①神… Ⅱ. ①李… ②李… Ⅲ. ①地质－国家公园－介绍－锡林郭勒盟 Ⅳ. ① S759.93

中国版本图书馆 CIP 数据核字 (2021) 第 281324 号

神奇火山 魅力草原
——锡林郭勒草原火山国家地质公园

SHENQI HUOSHAN MEILI CAOYUAN
——XILINGUOLE CAOYUAN HUOSHAN GUOJIA DIZHI GONGYUAN

编　　著 李耀泉　李文智
特约供稿 韩建刚　王　惠　李　明　闵　慧
责任编辑 孟繁龙　王改英
装帧设计 李鸣真
出版发行 远方出版社
社　　址 呼和浩特市乌兰察布东路666号　邮编 010010
电　　话 （0471）2236473总编室　2236460发行部
经　　销 新华书店
印　　刷 内蒙古爱信达教育印务有限责任公司
开　　本 850毫米×1168毫米　1/32
字　　数 50千
印　　张 2.625
版　　次 2022年5月第1版
印　　次 2022年5月第1次印刷
印　　数 1—1 300册
标准书号 ISBN 978-7-5555-1717-7
定　　价 89.00元

前言

“天苍苍、野茫茫，风吹草低见牛羊。”这是我国北部边疆内蒙古锡林郭勒大草原辽阔壮美的景象。内蒙古锡林郭勒大草原是世界上温带草原中原生植被保存最完整、草地类型最多、饲用植物资源最丰富的天然草原，也是我国三大草原之一——内蒙古大草原的重要组成部分。夏季这里景观秀丽无比，蓝天白云，绿色的草原一望无际，锡林河水蜿蜒曲折，到处鲜花盛开，成群的牛羊装点着辽阔壮美的草原，显得分外妖娆。

在这片壮美辽阔的草原深处，有多处保存十分完整、喷发于距今 2 万多年前晚更新世的火山地质遗迹。典型的熔岩台地、火山锥、喷气锥、火山口、熔岩流等在此处星罗棋布，错落有致，是一座独具特色的天然草原火山博物馆。你若有幸走进这得天独厚、堪称一方净土的绿色王国之中，便可领略天地蕴藏之灵气，日月凝聚之精华；还可探奇揽胜，领略草原深处火山的奥秘。让我们沿着地质历史的足迹，走进草原火山国家地质公园，去追踪地壳演化的轨迹，领略火山活动的波澜壮阔，欣赏草原火山的多姿多彩。接下来就让我们一起走进这座天然草原火山博物馆去探个究竟！

目录

一、地质公园位置与范围

锡林郭勒草原火山国家地质公园位于锡林浩特市区南侧，可从207国道55千米的辉腾锡勒植物园入口或者58千米的柳兰沟入口进入。地理坐标：东经116° 06′ 48.03″ ~116° 17′ 58.71″；北纬43° 20′ 17.97″ ~43° 45′ 57″。公园由鸽子山西园区、鸽子山东园区组成，总面积为91.27平方千米，其中东园区40.65平方千米，西园区50.62平方千米，勘定边界长度77.1千米。

二、地质公园概况与建设历程

锡林浩特火山群是非常珍贵的火山地质遗迹资源，其规模之大，类型之多，保存之完好，在国内具有较强的典型性和代表性，是我国重要的火山地质遗迹分布区。这里有多种喷发类型的火山，众多的火山锥、火山口、熔岩流、喷气锥及地幔岩包体等大量火山地质遗迹，不仅具有很高的经济价值和美学观赏价值，还具有重要的科学研究价值和科普教育功能，是人类认识自然、研究地球内部物质组成的实践场所。

对该区域火山地质遗迹的研究和保护工作始于2006年。2006—2008年，内蒙古自治区人民政府立项对本地区部分火山口和相邻的阿巴嘎旗火山地质遗迹进行调查和研究，并开始对火山口遗迹实施保护工程。

2009年以来继续加大地质遗迹调查力度，使该区的火山地质遗迹保护工作进一步得到加强与完善。2010年锡林浩特市人民政府

委托相关科研单位对整个市域的地质遗迹和旅游资源进行综合考察和初步规划，并成立了内蒙古锡林浩特火山岩市级地质公园。

2011年6月，内蒙古锡林浩特火山岩市级地质公园举行了公园揭碑开园仪式。

2012年锡林浩特市人民政府组建了由锡林浩特市国土资源局牵头的锡林郭勒草原火山自治区级地质公园申报工作领导小组，并于2012年1月委托北京得力合环境治理有限公司具体承担锡林郭勒草原火山自治区级地质公园的野外地质考察、资料收集与申报材料编制工作。2012年12月内蒙古自治区组织地质公园评审会通过并经主管部门批准建立锡林郭勒草原火山自治区级地质公园，2013年10

月，锡林郭勒草原火山地质公园（自治区级）揭碑开园。

2017年锡林浩特市人民政府申报锡林郭勒草原火山国家地质公园，2018年3月16日，自然资源部批准锡林郭勒草原火山国家地质公园建设资格。

2020年锡林郭勒草原火山地质公园管理局委托内蒙古自治区地质调查院对公园内地质遗迹实施全面调查，建立了地质遗迹数据库。锡林郭勒草原火山地质公园管理局按照国家地质公园标准全面实施地质公园建设，取得了显著成效。

三、交通、人口、特色与旅游资源

交　通

锡林浩特市是锡林郭勒盟府所在地，也是全盟政治、经济、文化、交通中心。四通八达的公路交通网络连接内地与相邻旗、县、市。锡林郭勒草原火山国家地质公园位于锡林浩特市城区南国道207东侧55千米左右的白银库伦牧场境内。锡林浩特市地处东北、华北、西北交汇处，距北京、呼和浩特、沈阳直线距离分别为430千米、496千米、650千米，能有效融入环渤海经济圈和东北经济圈。与二连浩特和东乌旗珠恩嘎达布其口岸距离分别为340千米、338千米。有通往呼和浩特、北京、天津、西安的直达民航班机，共有区内外18条航线和2条国际航线。目前有锡林浩特到呼和浩特方向的铁路客运列车。近期计划开通锡林浩特到张家口太子城的高速进京铁路。锡林浩特市公路交通便捷，国道207、303和省道101、307贯穿市境，海张高速、丹锡高速连接华北与东北，辐射北通二连浩特、珠恩嘎达布其两个对蒙一级陆路口岸，东连东北三省、西接呼包鄂地区、南达京津唐的高等级公路运输通道已经形成。

人　口

锡林浩特市总面积14785平方千米，城市规划区面积49平方千米，建成区面积45平方千米，辖3个苏木、1个镇、8个街道办事处、6个国有农牧场。常住人口34万人，含汉、蒙、回、藏、布依、朝鲜、维吾尔、鄂温克等30多个民族，是一个多民族聚居的地区，素有“草原明珠”的美誉。

特　色

锡林浩特是草原旅游胜地，有极具内涵和特色的仪式和盛大的那达慕大会；有国际游牧文化节、马术大赛等知名品牌活动，被称为“最具魅力节庆城市”；是一代长调歌王哈扎布的故乡，被文化部、文化厅分别评为民间艺术之乡和民间文化“潮尔道”之乡。

旅游资源：锡林浩特市旅游资源富集，有内蒙古中西部四大藏传佛教寺庙之一、国家AAAA级旅游景区、第六批全国重点文物保护单位的贝子庙和额尔敦敖包；有联合国教科文组织确定为人与生物圈保护网络成员单位、被国际植物界誉为欧亚大陆样板草原自然保护区锡林郭勒草原国家级自然保护区，有以锡林九曲为核心打造的锡林河国家级湿地公园，有以南山公园为主题的锡林河生态景观带，拥有白银库伦遗鸥自然保护区、灰腾锡勒天然植物园和锡林郭勒草原火山国家地质公园；有独具旅游特色的“牧人之家”，有被中国马业协会授予以锡林浩特市为中心的锡林郭勒盟“中国马都”产业园区和马文化演艺厅。锡林浩特市先后荣获全国科技先进市、中国优秀旅游城市、全国双拥模范城、全国卫生城市、全国民族团结进步示范市、国家园林城市、全区文明城市、全区创业型城市、全区首届法治政府建设示范市等称号。

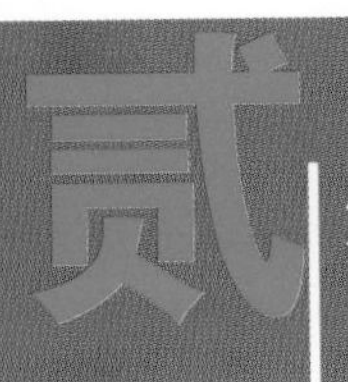

第二章 区域自然地理与地质背景

一、自然地理

锡林浩特市位于北纬43°02′~44°52′，东经115°18′~117°06′，处于内蒙古高原中部，地势南高北低，南部为低山丘陵，北部为平缓的波状平原，平均海拔高度988.5米。地处中纬度西风气流带内，属中温带半干旱大陆性气候，年降水量309毫米，无霜期144天。全市有可利用草场面积2068万亩，动植物资源多样，草原类型齐全，地跨草甸草原、典型草原和沙丘沙地草原，具备得天独厚的畜牧业生产和发展条件。

（一）地形和地貌特征

锡林郭勒盟坐落在内蒙古高原中部的锡林郭勒大草原上，锡林郭勒意为“高原上的河流”，因锡林河而得名。其东临大兴安岭南段西麓，南接阴山山地北麓，西至集二（集宁至二连浩特）铁路，北至中蒙边境。地势由东向西和由南向北降低，海拔一般800～1200米，东北部为乌珠穆沁盆地，河网密布，水源丰富。由乌拉盖河、吉林河和锡林河等河流形成的冲积洪积平原，水草丰美，是良好的天然放牧场。西部地形平坦，沼泽零星分布，地表水系不发育，地下水缺乏，为缺水草场。西南部为浑善达克沙地，由一系列垄岗沙带组成，绝大部分为半固定和固定沙丘。中、北部是阿巴嘎熔岩台地，台地上有许多锥形火山丘，高50～160米，台地间有许多谷地、洼地，水文地质条件良好。台地上广泛分布有更新世至全新世火山地质遗迹。区内的火山地貌，无论是种类还是数量都是世界罕有的。高原上有众多的咸水湖，盛产盐、碱、芒硝等化工资源，石油、煤炭等矿产资源也很丰富。

锡林浩特市位于锡林郭勒盟的中部，大兴安岭西延的北坡，呈北东—南西走向，分布有高原、丘陵地貌单元，地形南高北低，地形标高970～1326米。其中，全市最高点南部熔岩台地上的汗乌拉海拔达1699.6米，灰腾梁一带可达1400米以上，北部的锡林河畔两侧海拔在1000米以上，北伸至朝克乌拉、阿尔善宝力格北部为平坦开阔的草原，海拔在1000米以下。

锡林浩特中部起伏明显，一般形成北东—南西向低缓丘陵地形。该地貌的形成和形态变化，主要受到地质构造、岩性、气候、水系的控制和影响，其中起主导作用的是地质构造，各地貌单元的展布方向受到了区域性北东—南西向主构造的控制。全市地貌除东南部以外地貌差异不大，高平原丘陵区同低山丘陵区常相间出现，按其地貌成因和地貌形态特征，全市可分四个地貌单元：高平原丘陵、低缓丘陵地、熔岩台地、沙丘沙地。

高平原丘陵地

锡林浩特市全境由南向北，条带状的褶皱带纵贯全市，形成了高平原丘陵地区。分布在锡林河以西，灰腾锡勒以北的达布希勒特、伊利勒特、巴彦宝拉格、阿尔善宝力格，经市区至北与东乌旗交界，西连阿巴嘎旗。面积4319平方千米，海拔高度975.75～1325.75米，起伏明显，波状高原亦多见。

低缓丘陵地

主要分布在市东南部、锡林河以东至赤峰市克什克腾旗，南起白音锡勒巴嘎乌拉至东北毛登牧场的巴尔当乌拉，呈南北斜长方形。达布希勒特、伊利勒特、阿尔善宝力格、朝克乌拉此地形亦见。面积7929平方千米，海拔高度1066.25～1443.68米。地形南北部起伏明显，山体局部较陡峭，山间平坦宽阔。

熔岩台地

南起浑善达克沙地北部，东以锡林河为界，西与阿巴嘎旗交界，北至巴彦宝拉根苏木，主要以南东—北西方向成条带状分布。面积2566平方千米，海拔高度1303～1699.6米。整个台地上分布有众多锥形死火山丘，锥体比高50～60米，久经剥蚀，山顶平齐，边缘多呈马蹄形或者方形。周围分布大小不等，疏密不均的玄武岩石块。

沙丘沙地

分南、中，北三部分。南部沙地是浑善达克沙地的组成部分之一。从巴彦呼热湖往南，整个区域均为沙地，与蓝旗沙地相接，中部为一条长方形大沙带，西起阿巴嘎旗的汗乌拉，东部通向西乌旗的扎格斯特淖尔，横贯全市，东西长80千米，南北宽12千米。北起种畜场林业队，南至白音锡勒公乃庙，海拔高度约1340米。北部沙地是西乌珠穆沁嘎亥额勒苏沙地的向西延伸部分，北起朝克乌拉，穿越南部的阿日高勒嘎查直达巴尔钦乌拉为止，西从驿马站起，东至吉林郭勒。面积696平方千米，海拔高度884.4～956米。

（二）水文和气候条件

锡林浩特市境内地表水有锡林河、吉仁高勒、淖尔和潜伏流涌泉，地表水径流量为1763立方米/时。本市深居内陆，地处中纬度西风气流带内，属中温带半干旱大陆性季风气候。春季多风易干旱，夏短温热雨集中，秋高气爽霜雪早，冬长寒冷风雪多。

公园气候属中温带半干旱大陆性气候。具有寒冷、风大、雨少、日照长、温差大、蒸发力强，冬季严寒漫长，夏季温凉短促，春秋风多而干燥的气候特征。草原自然公园内大气透光度好，太阳辐射强度大，全年太阳总辐射量135.9k千焦/平方厘米，年日照时数2800小时左右，日照时数5月份最多，达280小时以上。保护区年平均气温1.7摄氏度，1月份平均气温-19.8摄氏度，7月份平均气温20.8摄氏度。无霜日数年平均123天。历年平均降水量为287.2毫米。降水多集中在6—8月，占全年降水量的63%，冬季降水量最少，平均为2.875毫米，占全年降水量的4%左右。

（三）植被和土壤类型

锡林郭勒草原不但植被类型繁多，而且植被种类十分丰富。公园内地形开阔，以克氏针茅为建群种，羊草为优势种，禾本科、藜科植物较多，多年生草本占多数，兼有小半灌木，常见草本植物有羊草、冰草、柳兰、克氏针茅、齿委陵菜、灰绿藜、扁楷豆、二裂委陵菜等。共有种子植物254种，分属163属、44科，常见大型真菌有12种。

公园区内土壤分黑钙土、栗钙土、风沙土、草甸土、沼泽土、盐土和碱土7个类型。富钾性好，氮中等，缺磷。有机质含量1% ~ 4%的占80%，有机质含量占1% ~ 2%的占总数36.76%，有机质含量占2% ~ 3%的占总数的0.24%，有机质含量占3% ~ 4%的占13.4%，有机质含量大于4%的占9.67%，有机质含量小于1%的占总数的10%。

锡林浩特市土壤类型如下表

土类	面积（亩）	占总面积%	有机质%	pH	母质	钙积情况
黑钙土	614695.4	2.66	3.02 ~ 5.24	7.4	残积、坡积、黄土状	中下部板状菌丝状
栗钙土	17264337.4	74.72	1 ~ 4	〉8	残积、坡积、洪积等	出现在30 ~ 50厘米
风沙土	3329617	14.42	染色弱 0.7	〉8	残积、砂层、砾层	通体沙
草甸土	1530261.7	6.63	2 ~ 3.68	〉8	冲积、洪积、河湖相沉积	下层锈纹绣斑
沼泽土	96181.3	0.39	32.12 ~ 5.67	9.4	河湖相沉积	
盐土	234787	1.02	1	10	下层潜育层泡沫反应强烈	
碱土	38032.3	0.16	1	强反应	柱状淀积层	

其中，地质公园园区内主要土壤类型为草甸土、沼泽土、盐碱土。主要分布在河流、湖、盆地、封闭性洼地。虽然土壤湿润，但部分地区有板结层和盐碱壳。园区内以栗钙土为主，土层厚度不大，有机质含量中等，保水能力一般，坡面上覆盖着厚薄不一的第四系残积土，台面上岩石裸露。

（四）生态和环境状况

锡林浩特市地处锡林郭勒大草原腹地，有可利用草场2068万亩，为典型的天然牧场。这里因草场类型齐全、动植物种类繁多等特征成为世界著名的天然草原之一。锡林郭勒草原属欧亚大陆草原区，这里拥有全国唯一被联合国教科文组织纳入国际生物圈监测体系的锡林郭勒国家级草原自然保护区，保护区内生态环境类型独特，具有草原生物群落的基本特征，既是华北地区的重要生态屏障，又是距首都北京最近的草原牧区。

（五）动物种类繁多

草原上的草籽、嫩叶、浆果、昆虫以及生活在这里的鼠类为多种鸟类提供了丰富的食物，这里是雀形目鸟类及隼形目猛禽的主要活动区域，记录到鸟类28种。麻雀、毛腿沙鸡、凤头百灵、蒙古百灵、云雀、山斑鸠、红隼等为常见种。记录到的哺乳动物有15种，分属于9科15属。两栖、爬行类动物有6科7属7种。

二、区域地质背景及其火山活动

（一）区域地质构造

公园区域地质背景复杂，地质历史久远，历经了十多亿年的地壳演化过程。锡林郭勒草原火山地质公园的大地构造位置十分特殊，根据《内蒙古自治区地质志》（第二代，2018年资料），锡林郭勒草原火山地质公园在区域构造上古生代以前隶属西伯利亚板块—兴蒙古生代造山带—锡林浩特陆缘弧—锡林浩特地块；中新生代隶属桑根达来中、新生代坳陷。大地构造单元处于两大构造域复合或改造叠加的区域，在古生代构造格架的基础上还叠加了燕山—喜山黄岗梁地质构造活化区。在早古生代时期，它位于华北陆块与西伯利亚陆块之间的古亚州构造域中，其构造线总体为东西向。到晚古生代—早中生代初期，形成北东东—北东向构造带，同时它还与环太平洋构造域邻接。后者构造线主体以北北东向为特色，大角度斜跨在亚洲构造域之上。两大构造域的发生、发展、交切、复合控制了本区构造的发展，也是形成多旋回造山运动的原因之一。该区中生代构造变形以北东和北西向的断裂为主，新生代以前，主要以造山带演化为特点；中新生代时期的构造格架，是叠加在古生代区域构造格架之上的北东—北北东向的中—新生代构造盆地和大兴安岭岩浆岩区。新生代，此地区处于拉伸构造环境，表现为大面积隆起和凹陷，且在沉积过程中由于差异性升降运动和中生代及古生代断裂多次复合，沿古断裂有大面积基性岩浆喷发，发生了强烈的板内火山作用，形成了壮观的台地地貌。在台地上发育了一百多座火山锥体。

公园所在的锡林浩特陆缘弧正处于这样一个异常活动的地带，岩浆活动、褶皱、断裂都很发育，主构造线方向为北东东向。

（二）区域地层

公园及其周边地层区划属于华北地层大区，锡林浩特—盘石地层分区，锡林浩特小区，主要出露的地层由中元古界温都尔庙群，古生界泥盆系、石炭系、二叠系，中生界侏罗系、白垩系，新生界新近系、第四系。地质公园内出露的地层主要为第四系，而且主要是火山喷发沉积物，尤其以第四系上更新统阿巴嘎组玄武岩最为著名。

阿巴嘎组玄武岩分布于锡林郭勒草原的贝力克牧场、白银库伦、达里诺尔湖一带，分布在海拔高程1000～1698.60米的广大区域。

（三）新生代火山活动特征

锡林郭勒草原火山地质公园内第四纪火山群面积分布广泛，台地典型多阶。火山口数量众多，喷发类型多样，不同时期形成不同的火山构造类型。

园区内火山活动具有多期性，大致可以分为上新世末、中更新世、晚更新世早期、晚更新世晚期和全新世五期，熔岩流沿北东向展布，形成四级玄武岩台地。晚更新世以来的火山保存比较完好，大多由熔岩流和火山碎屑物组成，多数为新生火山。该区火山多为复合锥。

该地区的火山锥体大部分都有火山口和熔岩流溢出口，在火山锥体顶部可见溅落堆积物，在部分锥体剖面上可见大量火山渣、火山集块岩及火山弹，可以推断出火山喷发方式主要为爆破式和溢流式喷发，喷发类型分别以斯通博利式喷发和夏威夷式喷发为主，形成大面积的熔岩流。部分火山产物中可见大量辉石巨晶、橄榄岩捕掳体和少量壳源捕掳体，说明岩浆主要来源于深部地幔。

区内的火山岩在上新世末和中更新世主要为橄榄拉斑玄武岩，晚更新世以来主要为碱性橄榄玄武岩，含较多地幔辉橄岩包体。火山作用方式包括射汽—岩浆喷发、岩浆爆破式和溢流式喷发。火山喷发方式以中心式为主，同时受到基底断裂控制，总体呈北东向展布明显，与大同—大兴安岭火山带的北东向分布格局类似。中心式火山主要分布在锡林浩特以南的低平台地。其中代表性火山有大敖包、鸽子山等。这些火山喷发类型多样，形成时代大多为晚更新世早期，到晚更新世晚期则仅有少量火山活动，极个别火山形成于全新世，各火山锥体保存相对较完好，大敖包火山就属于强斯通博利式喷发。全新世的鸽子山属于亚布里尼式喷发。

园区内出露的阿巴嘎组玄武岩可以分出四个喷发旋回：

第一旋回分布海拔高程为1000～1120米之台地，由下至上可见三层，下部为橄榄粗玄岩，为斑状结构，基质为粗玄结构，斑晶为橄榄石，基质结晶程度较好，为全晶质，在不规则排列的条状斜长石微晶间隙中，充填微粒辉石。岩石具块状构造，中部为橄榄玄武岩，具斑状结构，基质为间粒—间隐结构，斑品为橄榄石，基质为斜长石间隙中充填物质为隐晶质—玻璃质。岩石具气孔状构造，气孔少而小，圆形，孔壁光滑，大小0.3～0.5厘米，占5%。上部为气孔状橄榄玄武岩，斑状结构，基质为玻基结构，斑晶为橄榄石，基质完全由火山玻璃组成，岩石具气孔状构造，气孔多为扁圆形，孔壁光滑，大小1～2厘米，占20%。该组合岩石形成熔岩被，构成一级台地。岩石由下至上冷却的温度由慢至快变化。

第二旋回分布海拔高程为1120～1260米之台地，可见上下两层玄武岩，下部为橄榄玄武岩，具斑状结构，基质为间粒—间隐结构，斑晶为橄榄石，基质为斜长石间隙中充填物质为隐品质—玻璃质。岩石具气孔状构造，气孔少而小，圆形，孔壁光滑，大小0.3～1.0厘米，占5%。上部为气孔状橄榄玄武岩，斑状结构，基质为玻基结构，斑晶为橄榄石，基质完全由火山玻璃组成，岩石具气孔状构造，气孔多为扁圆形，孔壁光滑，大小1～2厘米，占10%。该组合岩石形成熔岩被，构成二级台地。

第三旋回分布在海拔高程1260～1360米的台地上，由下至上可见三层，下部为橄榄粗玄岩，为斑状结构，基质为粗玄结构，斑晶为橄榄石，基质结晶程度较好，为全晶质，在不规则排列的条状斜长石微晶间隙中，充填微粒辉石。岩石具块状构造，中部为具有柱状节理的橄榄玄武岩，具斑状结构，基质为间粒—间隐结构，斑晶为橄榄石，基质为斜长石间隙中充填物质为隐晶质—玻璃质。岩石具气孔状构造，气孔少而小，圆形，孔壁光滑，大小0.3～0.5厘米，占5%。上部为气孔状橄榄玄武岩，斑状结构，基质为玻基结构，斑晶为橄榄石，基质完全由火山玻璃组成，岩石具气孔状构造，气孔多为扁圆形，孔壁光滑，大小1～2厘米，占20%。该组合岩石形成熔岩被，构成三级台地，贝力克牧场的平顶山景观就是火山喷发的熔岩溢出的面状熔岩被、熔岩台地。该旋回有少量火山口，在溢出口周围形成盾形熔岩锥，盾形火山锥山渣状浮岩组成，因盾形熔岩锥有一定坡度，地表喷溢的熔岩由于表壳与内部冷却速度的差异，常见绳状熔岩。熔岩具流面，流面产状与盾形熔岩锥的坡度一致，浮岩具斑状结构，基质为玻璃质结构，斑晶为微橄石，粒度1~2毫米，占5%，基质为速冷却的火山玻璃。岩石具绳状构造和气孔状构造，气孔均被流动拉扁，气孔大小分层分布，大者熔岩层气孔1厘米左右，小者气孔0.5厘米左右，占50%以上，比重极轻。

第四旋回分布在海拔高程1360~1670米的多级台地之上，由若干个火山喷发韵律组成，每个韵律见上下两层玄武岩，下部为橄榄玄武岩，具斑状结构，基质为间粒—间隐结构，斑晶为微橄石，基质为斜长石间隙中充填物质为隐品质—玻璃质。岩石具气孔状构造，气孔少而小，圆形，孔壁光滑，大小0.3~1.0厘米，占5%。上部为气孔状橄榄玄武岩，斑状结构，基质为玻基结构，斑晶为橄榄石，基质完全由火山玻璃组成，岩石具气孔状构造，气孔多为扁圆形，孔壁光滑，大小1~2厘米，占10%。该韵律岩石形成熔岩被，构成多级台地。局部玄武岩中含有少量尖晶石二辉橄榄岩、橄辉岩、斜方辉橄岩、辉石岩等幔源捕掳体以及微橄石、辉石、斜长石等巨晶。幔源捕掳体大小相差悬殊，从2~20厘米均有，以3~8厘米者最为常见。辉石晶体大小3～5厘米，橄榄石、斜长石晶体大小0.5厘米左右。

该旋回有大量火山口，有的形成盾形浮岩火山锥，盾形火山锥由渣状浮岩组成，因盾形熔岩锥有一定坡度，地表喷溢的熔岩由于表壳与内部冷却速度的差异，常见绳状熔岩。熔岩具流面，流面产状与盾形熔岩锥的坡度一致。浮岩具斑状结构，基质为玻璃质结构，斑晶为橄榄石，粒度1～2毫米，占5%，基质为速冷却的火山玻璃，岩石具绳状构造和气孔状构造，气孔均被流动拉扁，气孔大小分层分布，大者熔岩层气孔1厘米左右，小者气孔0.5厘米左右，占50%以上，比重极小。

大多数形成混合锥，混合锥由火山碎屑岩和浮岩组成，火山碎屑岩层产状与火山锥的坡度一致，一般陡倾。火山碎屑岩一般为集块熔岩或火山角砾熔岩，火山集块和火山角砾一般为玄武岩岩块、火山砾、火山弹，被熔岩胶结。浮岩中含有大量尖晶石二辉橄榄岩、橄辉岩、斜方辉橄岩、辉石岩等幔源捕虏体以及橄榄石、辉石、斜长石等巨晶。幔源捕掳体大小相差悬殊，从2～20厘米均有，以3～8厘米者最为常见。捕掳体绿色和深绿色，氧化后呈紫红色，形状多变，多数捕掳体棱角已被熔蚀圆化呈浑圆状，有些捕掳体，特别是较小者，仍保留棱角状碎块的外形，辉石晶体大小3～5厘米，橄榄石、斜长石晶体大小0.5厘米左右。

第三章 锡林郭勒草原火山——丰富多样的火山地质遗迹景观

一、火山基本知识

（一）火山

火山是地下岩浆喷出地表，围绕喷火口堆积形成的锥状、盾状及其他形状的山丘。既包括形态特征和构成山丘及其周围的所有火山喷发物，也包括岩浆的成因与运移，以及喷发方式和火山产物的搬运、堆积定位环境等，是一个完整火山地质作用过程的产物。

（二）火山的时空分布与成因

太阳系所有岩石组成的行星都发生过火山作用，但火山活动的时代各有不同。地球历史上的火山活动频繁，就10000年以来，陆地上活动的火山至少有1343座。海底的火山更多，高于1000米的火山有3.9万余座。火山活动是星球富有生命力的象征，地球可能是行星系中较年轻、富有生命力的星球。

全球火山多分布在板块构造的边缘，约70%集中在环太平洋边缘，构成“火链”。在东非裂谷、印度洋岛屿、地中海沿岸、冰岛和南极洲等地都有火山活动。

中国第四纪火山主要分布在东部大陆边缘和青藏高原周边。晚更新世以来的火山约1000座，10000年以来的活动火山也有数十座，最大的一次爆发距今约千年（长白山），最近一次喷发于1951年（西昆仑）。

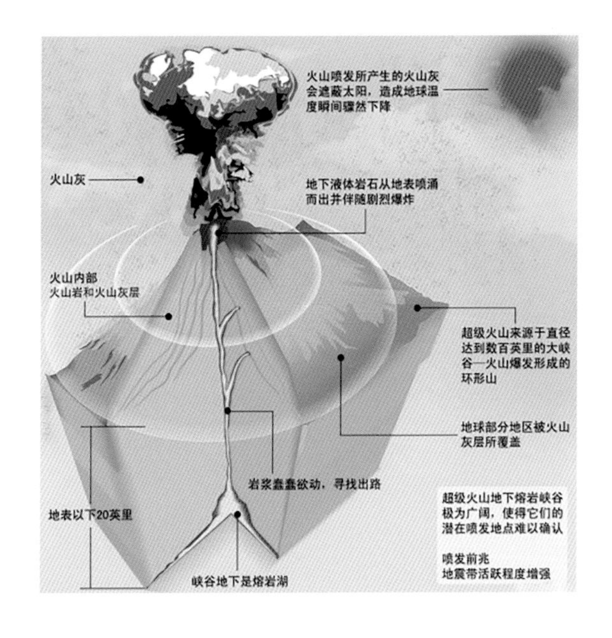

火山的形成是一系列物理化学过程和地壳运动的结果。大洋中脊扩张、板块俯冲、裂谷作用等是火山作用的主要动力，所以全球火山绝大部分分布在板块边缘的俯冲带、裂谷带以及大洋中脊和地幔柱热点地区。

（三）火山喷发方式

中心式喷发：地下岩浆通过管状火山通道喷出地表，称为中心式喷发。这是现代火山活动的主要形式，根据爆发强度进一步分为宁静式、爆破式和过渡式。

裂隙式喷发：岩浆沿着地壳上大裂缝溢出地表，称为裂隙式喷发。这类喷发多表现宁静式基性熔浆的溢出，冷凝后往往形成规模较大的熔岩台地。如分布于川、滇、黔地区的二叠纪峨眉山玄武岩和蒙古高原南缘的新近纪汉诺坝玄武岩。

中心式喷发

裂隙式喷发

裂隙—中心式喷发：中心式喷发和裂隙式喷发之间的过渡类型，几乎所有裂隙式喷发最后都会收缩转化为中心式的锥状或盾状火山。

（四）火山类型

依据不同的分类标志，火山可分为不同的类型。

按火山活跃程度可分为：

活火山：指现今仍在活动并具有喷发能力的火山，如夏威夷火山。广义的活火山系指全新世喷发过的火山，如我国长白山天池、锡林浩特鸽子山等火山。

长白山天池

山西大同火山群金山火山

死火山：指全新世以前曾发生过喷发，但11000年以来没有喷发过，将来也不可能再喷发的火山，如山西大同火山。

休眠火山：有史以来曾经喷发过，但现在没有喷发，将来有可能再喷发的火山，如日本富士山。

活动火山、休眠火山和死火山都是一个相对概念，可相互转变。活火山以后也可能不会喷发而成死火山，死火山也可能复活成为活火山。

按现代典型火山划分为：

普里尼式：是最强烈的一种火山爆发类型，火山岩浆以中酸性、酸性（偏碱性）为主。火口之上可形成喷射穿过平流层的“喷发柱”，喷出大量的浮岩屑、玻屑、火山灰及气体，常形成规模巨大的火山碎屑流，堆积物分布面积很广。火山喷发的阶段性突出。火山喷出大量物质后常使火山口塌陷，形成破火山口。如79年喷发的维苏威火山。普里尼一词就来源于考察维苏威火山而献身的著名火山学家普里尼。

武尔卡诺式：以喷出火山灰和带棱角的碎屑物为特征。形成灰暗或黑色的烟柱或含大量火山灰的“菜花状”喷发云，高度可达数千米，火山锥几乎都由火山灰和岩块等碎屑物构成，很少形成熔岩流。岩浆成分从玄武质到长英质均有（以后者为主）。

斯通博利式：早期以喷出白色气体、水汽和火山渣碎屑物为主，爆发强度中等，喷发可持续数月，甚至数年，形成火山渣锥。晚期溢出较多熔岩流。以意大利西海岸利帕里群岛上的斯通博利火山为代表。我国许多火山属于这种类型。锡林浩特火山群这类火山也最多，如大敖包、马蹄山等火山。

夏威夷式：以大量易流动的玄武质岩浆喷溢或涌出活动为特

征。早期喷发主要表现为熔岩喷泉，可形成少量溅落堆积，其后流出大量熔岩，末期也可形成少量溅落堆积。夏威夷式喷发常形成盾状火山。以美国夏威夷诸多火山为代表，又称宁静式火山。这类火山人们可以尽情地欣赏。

培雷式：是一种黏稠的长英质岩浆火山，开始喷发产生多气体发光云，随之为猛烈爆发，形成散布面积较小的火山碎屑物，随后黏稠的岩浆涌出，形成短而厚的熔岩流或陡峻的火山穹丘。

玛珥式：玛珥式火山是岩浆上升近地表遇到含水（冰）层时，由岩浆与水相互作用发生射汽或射汽—岩浆爆发形成的基浪堆积物构成。锥体低矮，火山口低平，也可称低平火山。堆积物层理构造异常发育，火口常积水成湖即玛珥湖。如广东湛江的湖光岩、锡林浩特的浩特乌拉等玛珥式火山。

冰岛式：属于裂隙式喷发。因现仅能在冰岛观察到这种火山喷发，故叫冰岛式火山喷发。其特征是沿裂隙喷出大量易流动的玄武质熔岩，形成表面较平坦的熔岩台地。

泥火山：一种锥形的、由泥和岩屑堆积成的小山或小丘。喷出物主要为泥浆和岩屑。大小不等，高度一般几十到数百米，如中国台湾地区高雄和新疆的泥火山。泥火山有些与火山活动期后喷气作用有关，有些是厚层塑性沉积物中含有大量埋藏水和聚集大量碳氢气体时，在受到构造变动强烈挤压作用下沿断裂喷出而成。

普里尼式喷发

斯通博利式喷发

玛珥式喷发

武尔卡诺式喷发

夏威夷式喷发

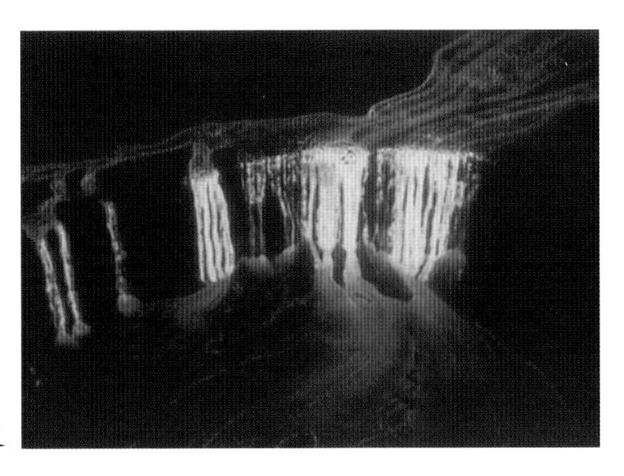

冰岛式喷发

（五）火山喷发物

火山喷出的物质按物态可分为气态的火山气体、液态的熔浆、固态和塑性的火山碎屑物。

气态火山气体

气态火山气体

固态火山碎屑物

其中固态和塑性火山碎屑物又分为岩屑、晶屑和玻屑，这些碎屑物按粒度又可分为集块、火山角砾和火山灰。岩屑包括刚性的同源火山岩碎屑、火山通道及其周围岩石的异源碎屑，塑性、半塑性岩屑包括浆屑、火山弹、熔岩饼等；晶屑主要由深部岩浆房结晶的矿物晶体被炸碎而成；玻屑也有刚性和塑性之分，刚性的为火山灰，塑性的主要为浮岩流内的塑变玻屑。

火山灰

火山弹

火山渣

二、主要火山地质遗迹景观

锡林浩特市火山分布区位于锡林浩特市区东南方向，处于大兴安岭——大同新生代火山喷发带中段，约400平方千米，火山口100余个。大多数火山呈北东向带状分布，少数火山零星分布。大多数火山口保存十分完好，火山锥大小不一，平均直径在1～3.5千米，最大的火山锥直径可5.5千米，最小者直径在0.5千米。在漫长的地质演变历史过程中，公园所在区域经历了多期次、多旋回的火山运动，最终形成本区域地层褶皱强烈、断裂构造发育、岩浆活动频繁而广泛的现象。在全区数百座火山和上万平方千米的火山岩区域中，上新世、中更新世、晚更新世和全新世等多个时期的火山地质遗迹资源十分丰富。熔岩流覆盖面积巨大，规模如此巨大、发育完整且类型多样的第四纪火山群地貌景观在内蒙古自治区乃至国内都屈指可数；鸽子山是全新世火山中基本未遭受风化剥蚀的玄武质火山，火山结构保存十分完整，且锥体雄伟壮观，破火口形态奇异，熔岩流规模宏大；园区内喷气锥（碟）的数量和完整性在国内外极其少见。此外，大脑包、鸡冠山、马蹄山等其他地质地貌景观分别表现了火山渣锥、火山碎屑席、火山溅落锥、喷火口和熔岩流等火山地质遗迹类型。在这座辽阔的原始大草原上，至今还保存着如此大范围完整的火山遗迹，这种草原火山地貌在国内外极其罕见。

（一）鸽子山火山

鸽子山火山是锡林浩特—阿巴嘎火山群中保存最为完好的一座玄武质火山。喷发类型较为复杂，不是简单的一种喷发类型。鸽子山火山喷发初期爆发力度较强，形成了一定规模的火山喷发柱，

鸽子山火山全貌

除形成降落锥以外，还形成了面积较大的火山碎屑席，属于亚布里尼式火山喷发类型。之后转为强度较小的熔岩喷泉式爆发，火山口中喷出的碎屑物质沿弹道轨迹降落在以火山口为中心的环形构造上，堆积形成溅落火山锥，晚期溢出大量熔岩流，属于典型的斯通博利式火山喷发类型。火山喷发物的分布面积约55千米，主要为降落火山渣、溅落熔结火山碎屑岩和熔岩流，成分主要为碧玄岩，晚期有少量的橄榄拉斑玄武岩。碧玄岩中含有较多二辉橄榄岩包体和辉石及歪长石巨晶。火山由锥体、熔岩流和火山碎屑席组成，锥体由早期的降落锥和晚期溅落锥复合而成。火山口经历多次塌陷而成为破火口。锥体西侧及北东侧出露两个仍保留了原始形态的熔岩溢出口，熔岩流类型为结壳熔岩，由多个熔岩流单元组成，局部地区的熔岩流中发育较多保存完好的喷气锥、喷气碟或喷气塔。火山碎屑席主要分布在锥体的东侧，厚度由锥体向外逐渐减薄。火山活动可分为早、晚两个阶段，早期为爆破式喷发，形成火山渣锥和碎屑席，属亚布里尼型喷发，晚期主要为溢流式喷发，形成溅落锥和大规模熔岩流，其活动时代为晚更新世末至全新世。

鸽子山火山锥体：形态较为完整，雄伟壮观。锥体上经历多次塌陷形成破火山口，破火山口内发育火山活动末期形成的小型熔岩穹丘和侵入岩墙等火山构造。火山锥体直径为1.5千米，高度可达110米左右。由火山锥、火山碎屑席和熔岩流三部分组成。火山锥体由降落锥和溅落锥复合而成，主要由降落的火山渣和溅落的熔岩饼、火山弹等组成。

火山降落渣锥：降落火山渣锥是火山锥的主体部分，它由降落的火山碎屑物质组成，平面形态为椭圆状，高度可达110米，锥体坡角25°～30°。主要碎屑物质为降落火山渣和火山灰，并含有少量的火山弹和熔岩饼。火山渣颜色为黑色或钢灰色，粒度平均在1～2厘米。堆积火山渣的粒度在剖面上表现出明显的韵律性，反映火山爆发与降落具有周期性。

火山溅落锥：鸽子山火山溅落锥直径约为800米，堆积于火山降落锥之上，其主要岩石组成为溅落熔岩集块岩，溅落熔岩集块岩颜色呈黑色或褐红色，岩石较为致密。

溅落锥北沿

破火山口特征：鸽子山火山喷发强度较大，岩浆溢出率较高，由于深部岩浆房的抽空，火山口发生了多次塌陷，形成了典型的破火口。破火口内地势高低起伏，表现出沿多阶环状断裂塌陷的特征。破火口直径约为450米，破火口内堆积物质主要为降落锥和降落的火山碎屑物。破火口内还发育有火山活动末期的小型熔岩穹丘和沿环状断裂的岩墙侵入。

破口表面态

鸽子山火山熔岩流及绳状熔岩：在火山溅落喷发之后，岩浆溢出率增大，逐渐进入大规模溢流阶段，熔岩流由西侧和北东侧两个溢出口溢出，充填沟谷和低洼地带，覆盖的面积约55平方千米，不同期次的熔岩流相互叠置。熔岩流大部分来自北东侧溢出口，由西侧溢出口溢出的熔岩流面积较小。熔岩流类型主要为结壳熔岩，少量为渣状熔岩。熔岩流的流动形态如大河奔流，熔岩流的流动方向受近代地形控制。有些熔岩流注入相对低洼的地带，形成熔岩湖，也可称为“石湖”。完好的结壳熔岩表面平滑，也可形成绳状构造、面包状构造等表面构造。渣状熔岩多分布于近火山口的位置，为熔岩流晚期溢出形成的熔岩，表面由破碎松散的渣状玄武岩角砾或岩块构成，黏度较大的熔岩流易形成渣状熔岩。

绳状熔岩

喷气碟

喷气锥（碟）：当熔岩流流经水体湿地时，便可形成一种特殊构造——喷气锥、喷气碟或喷气塔。鸽子山熔岩流中的喷气碟主要分布于两块区域，一部分出现在阿敦楚鲁地区，一部分位于熔岩流的最前沿地带。喷气锥群是早期熔岩流上的无根喷火口喷出的熔岩饼层层叠置而成，呈群出露，大小不一，直径1～5米不等，高0.5～1.8米，有些呈锥状，有些呈瓮状。形态多样，结构完整，出露的数量和规模国内少见，是我区珍稀的火山地质遗迹类型。

火山碎屑席：火山碎屑席分布在鸽子山的东南方向和南侧的大片区域内，火山碎屑物粒度总体由锥体向外减小，在距火山口约5千米处，粒度在3～7毫米，离火山越远粒度越细。火山碎屑席的厚度变化不大，但在近锥体的沟谷处厚度较大，随着距锥体距离变远火山碎屑席逐渐变薄，受现代雨水冲刷的影响，在某些地区呈断续状分布。火山碎屑席分布较广的现象表明，鸽子山火山初期爆发在火山口上已形成了具有一定高度且持续时间较长的喷发柱，到一定高度后，喷出的火山碎屑向水平方向扩散或受空气流动的影响向一定方向飘散，后在重力作用下经过一定距离开始陆续下降至地表，于是在火山锥周围形成这样面积广大的火山碎屑席。

在鸽子山南侧较远地区的塌陷坑剖面上可以观察到火山碎屑席的厚度和岩性特征，火山碎屑席主要由火山渣和火山灰组成，呈黑色或灰黑色，尖角状或不规则状。

地幔岩包体和辉石巨晶：鸽子山火山含有较多地幔尖晶石二辉橄榄岩包体和辉石巨晶，辉石巨晶有些大者7～8厘米，含量高达10%。鸽子山的巨晶辉石是由于地幔高温高压条件下的原始碱性玄武岩岩浆结晶形成的，其中很可能携带了丰富的深部岩浆房信息。玄武岩岩浆可能在一定深度处发生了岩浆分异作用，分异出巨晶辉石所需要的各类元素，因此巨晶辉石在一定程度上可以用来推断碱性玄武岩岩浆岩的演化过程，帮助我们了解鸽子山火山内部结构、物质组成和物理性质等。鸽子山地区高含量的巨晶辉石在国内实属罕见，他们是研究地幔物质组成及其结构的直接载体，地幔岩包体和辉石巨晶是地质学家探究地壳深处奥秘的珍稀天然样品，属于重要的火山地质遗迹。

玄武岩中的橄榄岩包体

玄武岩中的巨晶辉石

熔岩冢：熔岩流中局部气体聚集或熔岩流经潮湿地面时，底部形成气囊，熔岩流鼓胀。表面隆起形成大小不等的丘状地貌。由于顶部和侧面常因气体膨胀而裂开，俗称“开花馒头”。

熔岩冢

（二）马蹄山（乌德海尔罕）火山

马蹄山（乌德海尔罕）火山位于东园区中部，形成于晚更新世早期，呈标准的马蹄形态。由复合渣锥、熔岩溢出口组成，溢出口方向130° ~140° ，宽100余米，出露面积约1.5平方千米，保存非常完整。马蹄山火山锥体宏伟壮观，是由底部的降落锥和顶部的溅落锥组成的复合锥，高度110米，锥体内壁沿口直径约450米，东北高，西南低。在东北及西南处见有溅落锥形成的悬崖，岩性为红褐色熔结火山集块岩及火山角砾岩，局部有熔岩饼及火山弹等，火山弹大小不一，还可见到塑性流动构造。

马蹄山火山

（三）大脑包（阿拉塔道贵图）火山

大脑包火山位于西园区南端，总体呈马蹄形，最高海拔1601米，火山口深约70米，锥体呈长椭圆形，东西长1600米，南北宽约900米，面积约1.35平方千米。南侧渣堆较高，约100米，东北及北侧较低，30～50米。火山口中央平坦，熔岩通道向西，东西长约

300米，熔岩通道宽150 ~ 200米。大脑包火口沿堆积着溅落堆积而成的熔结集块岩。

大脑包火山

大脑包火山南侧锥体顶部溅落锥岩性为灰褐色熔结火山集块岩，见有火山弹、熔岩饼，具有火山熔结结构，厚层状构造。火山弹及熔岩饼具有塑性流动构造，局部见有熔渣状碎屑，碎屑物质成分为气孔状玄武岩，并见有辉石晶体呈包体出现，大小不一。溅落锥形成悬崖峭壁，在峭壁上有形态各异的石洞及石窟。该处极具观赏性，集雄、奇、险、峻为一体。

（四）大敖包（汗乌拉）火山

大敖包火山位于大脑包火山以北约400米，整个锥体呈马蹄形，南东—北西方向展布。南坡高陡，坡度40° ~ 45°，东西坡缓。火山锥最大高差约200米，长约2000米，宽约1000米，面积约2.3平方千米，塌陷火山口长约300米，南北宽约200米。大敖包火山锥体底部为降落火山渣锥，顶部为溅落的熔结集块岩和熔结角砾岩。主锥体周围是北东走向的数条岩脊，在熔岩溢出口的中央有后期岩浆活动挤出的岩丘。

大敖包溅落锥位于南坡顶部，形成半圆形的悬崖峭壁，高5～7米，岩性为褐红色熔结集块岩和少量熔结角砾岩。集块岩中见有火山弹、熔岩饼，火山弹大小在5～50厘米，呈椭圆形、纺锤形，熔

岩饼大小在10～60厘米。碎屑角砾多呈鸡骨状，均有塑性流动变形痕迹，胶结物为火山熔岩。在溅落锥形成的崖壁上可见石洞、石窟、石缝，均为火山溅落过程中形成的气囊经过后期风化，松散的火山弹、熔岩饼、火山集块脱落而成。石洞最大3～5米，深1～2米，石缝宽0.5～1米，局部形成一线天景观。在大敖包的东坡底部见有降落火山渣锥，为多孔棱角状玄武质火山碎屑渣，形如黑色焦炭，松散未固结。

大敖包火山

（五）鸡冠山火山

鸡冠山火山位于鸽子山的西侧。由复合渣锥、熔岩溢出口组成，总体类似马蹄形，火山口中心平坦，东侧锥体高。在东侧渣堆上的砖红色溅落锥崖壁远观似雄鸡鸡冠，鸡冠山因此得名。

鸡冠山火山

鸡冠山火山机构直径约1000米，最高锥体约106米，面积约1.23平方千米。熔岩向西南流出，熔岩通道宽约50米，方向230°。锥体内倾，坡度约18°，外侧坡度约25°～30°。鸡冠山东侧渣锥极具观赏性，此处可以看到形态各异、造型奇特的奇峰异石。在砖红色崖壁上可见到大小不等的火山弹、火山角砾，局部可见石洞或石窟，口径1～2米，洞深可达2米左右。

（六）平顶山火山群

沿锡林浩特至张家口国道207南行约30千米处，可见到大大小小排列有序，错落有致的群山，山顶像刀削般平整，即著名的平顶山景观。在平顶山观日出日落，景色殊佳。尤其是日落之时，山色在夕阳的映衬下，呈现或浓或淡的红色，犹如梦幻一般，让人禁不住感叹大自然的鬼斧神工。

平顶山是数十万至近百万年前火山喷发造成的奇观，同时也是世所罕见的火山地貌景观。该地区在200万年前曾经是一处大型内陆湖泊，在其后的晚更新世时期发生过多处火山喷发并沉落至

平顶山火山群

湖泊，经湖水长期震荡形成近水平沉积。火山活动之后伴随而来的是地壳运动以及构造抬升，而且多次发生。锡林浩特火山群现今地貌上表现为特征的四级阶地，每一阶都由玄武岩台地构成，形成特征的多阶平顶山，规模大，壮观奇特，是周期性火山活动与区域新构造共同作用的结果，每一次构造抬升都伴有剧烈的火山活动。这对研究该区第四纪以来的新构造运

动具有重要意义，同时具有很高的观赏价值。

三、其他地质遗迹景观

（一）呼塔噶乌拉玄武岩柱状节理

呼塔噶乌拉山高15～20米，长约25米，规模之大，非常壮观，具有很强的观赏和研学价值。它的玄武岩柱状节理因其主要为黑色玄武岩组成，因而被称为“大黑

玄武岩柱状节理

山”。玄武岩流中柱状节理的是岩浆冷却过程中，平坦的熔岩冷凝面形成无数规则而又间隔排列的收缩中心，产生垂直于收缩方向的张力裂隙，体积收缩引起岩石物质向固定的内部中心聚集，致使岩石裂开，形成多面柱体。

（二）浩特乌拉火山

浩特乌拉火山位于内蒙古锡林郭勒盟阿巴嘎旗东南，行政区划隶属阿巴嘎旗别力古台镇管辖，距别力古台镇中心20多千米。火山锥为一复式锥，呈现明显的双轮山地貌，在航片和地形图上清晰可见。在地貌上前者相对平缓，后者陡峻，平面上呈近等轴状，锥底直径约1100米，推算其覆盖面积约为3.8平方千米。锥体底部海拔为1180米，顶部为1254米，锥体高度约74米。浩特乌拉火山的双环结

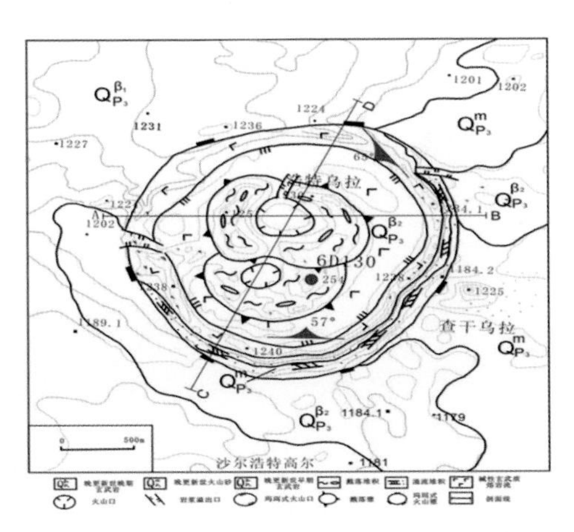

浩特乌拉火山地质平面图

构分为内外两环，外环为特征的外轮山，内环为中心叠锥，且内外环均为近圆形。

（三）车勒乌拉火山

车勒乌拉火山主要由玛珥式火口、基浪堆积物、溅落堆积物和熔岩流组成，地理坐标44° 15′ 50″ N，114° 13′ 29″ E，火山为典型的双环结构，外环为典型的玛珥式低平火山火口沿，内环由降落—溅落中心叠锥，火山锥比高80米左右，外坡西陡东缓。中心叠锥由先后两期的降落、溅落锥组成，发育有三个小型喷火口，部分地区被全新统湖沼积淤泥所覆盖。火山直径约6千米，玛珥式火口

车勒乌拉航拍全景

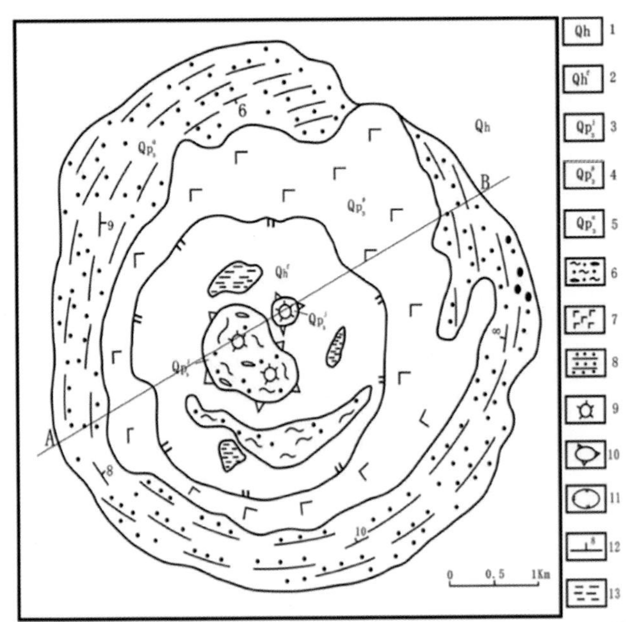

车勒乌拉火山地质平面图

约5千米，玛珥式火山口规模之大少见，玛珥式火口内零星发育若干小湖沼，在多雨季可形成季节性湖泊。

（四）额斯格乌拉火山

额斯格乌拉火山位于阿巴嘎北西方向，由基浪堆积物、降落溅落堆积物和熔岩流组成。地理坐标44° 13′ 10″ N，114° 20′ 13″ E，直径近7千米。该火山为该区发现的规模最大的玛珥式火山。火山结构完整，地貌上呈双环结构，但火山高度较低，整体形态较为平缓，比高约30米，外坡产状8° 左右。外环山系为玛珥式火口沿，中心为凹陷的低平火山口，低平火山口内原来有积水成湖，后期由于蒸发干枯，在丰水期仍有两个积水洼地，部分地段被全新统湖沼积淤泥所覆盖低平火口中心发育降落、溅落堆积物，构成火口内溅落火山锥。

（五）锅盔山

在锡林浩特市西南30千米的地方，有一座奇特的山。方圆50千米的平坦草原上孤单单长出一座约50米高的山包，形似一口倒扣过来的铁锅，四周还均匀分布着4座形状相似的小山。当地牧民都称这座山为“陶高乌拉”，意即锅盔山。每当雨过天晴，绿草挂满水珠儿，阳光透过残云，草香芬芳时，彩虹出现在这座山上，给游客蒙上一层“海市蜃楼”般的感觉。

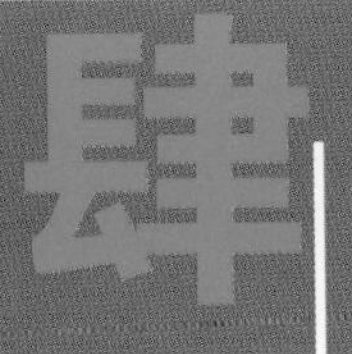

第四章 自然景观与人文景观

一、自然景观

（一）锡林郭勒草原国家级自然保护区

锡林郭勒草原自然保护区位于锡林浩特市东南55千米，面积5800平方千米，1997年晋升为国家级自然保护区。该区域是中国北方保留完整的一个温带草原景观区域，分布有典型草原、草甸草原、草原地形沙地森林以及河谷湿地生态系统。保护区内水草丰美，牧草茂盛，河水潺潺，风光迷人。这里的植被类型为真茅—羊草草原和线叶菊草原，具有欧亚大陆草原区东部草原亚区的代表性。这里野生动植物品种众多，是内蒙古草原生态的精华部分。野生植物有高等植物625种，大部分为优良牧草。野生动物具有蒙古高原特色，有黄羊、狼、獾、狐、旱獭及各种啮齿动物，有天鹅、灰鹤、野鸭、沙鸡、百灵鸟、鹰等鸟禽。流经草原中部的锡林河蜿蜒曲折，宛如一条绿色的飘带，在无垠的草原上延伸环绕。西部有罕见的平顶山熔岩台地奇观，东南部则是鸽子山地质公园。锡林郭勒草原火山国家地质公园之名即源于此处组合景观资源。

（二）辉腾锡勒草原

灰腾草原：意为“寒冷的山梁”，位于市南35～50千米处。这里是锡林浩特市著名九景之一，国家级草原保护区五处核心区之一，它全称叫巴彦乌拉灰腾草甸草原核心区，又称灰腾锡勒天然植物园。这里牧草植物繁茂，夏秋野草茂密，郁郁葱葱，各种野花竞相怒放，争奇斗艳，百鸟鸣长，空气清新，绿草、蓝天、白云构成一幅草原自然的美丽画卷，堪称世外桃源、人间仙境，是锡林郭勒草原最佳的旅游地。

（三）平台落日

观平顶山景色，日落时的风景别有一番韵味，故称平台落日。登顶眺望，落日在平顶山顶部如刀切般平整地渐渐西沉，甚为壮观奇特。从这里还可以看到自然界的一个奇观——火山喷发形成的不同角度的平台。远看平顶山像刀切一样平整，但顶部却高低不平，布满了大小不等的火山喷发留下的凝灰岩块，许多地方基岩裸露，植被稀疏。夕阳西下，落日的余晖为平顶山抹上了一层胭脂红，使群山显得格外妩媚。“百灵声里隐青山，薄暮炊烟飘欲仙，平台落日思古今，弹指已越两千年”。

平台落日

（四）柳兰花海

该景点位于锡林浩特市南207国道58千米处，位于国家地质公园大磨盘山火山附近，有一处天然的柳兰花海自然景观。每至盛夏时节，在这条火山夹沟一带会绽放出热烈奔放的柳兰花。柳兰为柳叶菜科，多年生草本，全草可入药，具有下乳、润肠、止血等功效，叶长披针形，全绿有锯齿，花瓣为紫色，观赏价值极高。野生柳兰花是罕见稀有的花种，目前全世界仅存两处，只有英国和中国的内蒙古锡林郭勒大草原生长着这种植物。

柳兰花海

（五）水体地貌景观类遗迹景观——锡林河九曲湾景观

锡林河属于内陆河，发源于赤峰市克什克腾旗，在锡林浩特市从公园北侧蜿蜒穿过，最后流入湖沼而消散。地貌特征显示：以锡林河为界，北部以低山丘陵与高平原相间分布为特征，南部为多级玄武岩台地，这两种地形的中间区域为沙丘地貌形态。美丽的锡林河历经数万年的复杂地质作用与地形地貌变化，造成河床频繁变换位置，形成如今闻名于世的典型河流地质遗迹景观——锡林九曲。

锡林河九曲湾

锡林九曲这一段河道弯弯曲曲，千回百转，在微风吹拂下，宛如一条洁白的银带在草丛中来回摆动。河床两岸生长着大量的芦苇及其他水生植物，每到天气晴朗的夏季，阳光明媚，牛羊成群，蓝天白云之下，一幅天然的草原风情画便呈现在眼前。美丽的九曲湾，静静流淌在碧绿的草原上，常常勾起人们无限遐想。目前，锡林九曲已然成为锡林郭勒盟著名的旅游景区。

（六）沙海疏林

该景观位于地质公园附近地区，其主体在锡张公路78千米以外，但在37千米处就可以看到沙地景观的一般特点。这里有一片沙地，生长着有代表性的植被类型榆树疏林。其下有小叶锦鸡儿灌木，以及各种柳树灌丛和草本植物。浑善达克沙地大致形成于22万年前，在沙地里沙柳生长茂盛，千姿百态，风情万种，展示着大自然中的顽强生命力，观赏价值十分独特。在这个景点，游客还可从另一侧面看到熔岩台地平顶山的奇特景观。

（七）白银库伦遗鸥自然保护区

白银库伦遗鸥自然保护区位于锡林浩特市南部的白银库伦牧场境内，总面积9658.44公顷，其中湿地面积2000公顷。白银库伦湿地是干旱半干旱内陆湿地，属构造型湖泊。保护区的中心部位，是珍稀的国家I级保护鸟类——遗鸥的繁殖地。目前世界上已知的遗

白银库伦遗鸥自然保护区

鸥繁殖地仅有5处，白银库伦湿地繁殖地就是其中之一。保护区境内有陆生脊椎动物25目59科198种，国家重点保护动物34种，Ⅰ、Ⅱ级国家重点保护鸟类31种，其中约18种被列为世界受严重威胁的物种。

二、人文景观

（一）中国马都

雄浑博大的草原孕育了锡林浩特市得天独厚的马资源优势及马产业。2010年，中国马业协会将“中国马都”称号授予以锡林浩特市为中心的锡林郭勒盟。至此，作为中国马都的核心地区，锡林浩特又多了一个向世界递交的金字招牌。

锡林郭勒赛马场是锡林郭勒盟重点旅游景区。赛马场呈半敞开式，占地面积26×104平方米，可同时容纳7000位宾客，门前设有广场、停车场及景观绿化带。锡林郭勒赛马场马术俱乐部有国内驰名的专业马术教练，为会员提供专业的场地马术指导及培训。目前，赛马场结合当地草原旅游发展的需要，为社会各界朋友可提供马文化博物馆展览、速度赛马、竞技比赛、马术表演（马队迎宾、抢酒壶、捡哈达）、歌舞表演、自由骑乘、服装摄影、篝火表演等活动。

（二）灰腾梁风电场

灰腾梁风电场位于锡林浩特市以南45～52千米区域，部分风电位于地质公园园区内。总面积366平方千米，风能资源十分丰富，属风能资源丰富区（Ⅰ级），是我国主要的风力资源富集区之一。年有效风能利用小时数达到3000小时左右，是自治区规划的装机百万千瓦风电基地，已建成风电70万千瓦。该地区盛行西风，风向

灰腾梁风电场

稳定，年平均风速3.4m米/秒，局部瞬间风速最快达34米/秒，平均全年有大风（风速8米/秒以上）日60～80天。根据锡林浩特气象站多年的统计资料显示，40m高度年平均风速7.9米/秒，功率密度400～500瓦/立方米，70米高度年平均风速8.9米/秒，功率密度663瓦/立方米，年可利用时间在2800～3000小时。目前已成为锡林郭勒草原上的一道亮丽风景线。

（三）草原上的雕塑

矗立在锡林浩特市南33千米的草原上的一个小山包上的一座雕塑，它是法国索尔邦大学埃利亚娜·西弘教授赠送给锡林浩特市的礼物。雕塑是采取内用钢丝网做骨架外用水泥堆砌加修塑的方法制作，双面人像，雕塑为男人和女人面相各一幅。雕像的背景便是雄伟的多阶熔岩台地——平顶山。

（四）贝子庙

贝子庙位于锡林浩特市北部的额尔敦陶力盖敖包山南坡下，是内蒙古四大庙宇之一。因当年主持修建此庙的是当地贝子巴拉吉道尔吉，而且是建在贝子旗，寺庙因而得名。整个建筑群共分为7座大殿，分别为朝克钦、明干、却日、珠都巴、甘珠尔、丁克尔、额日特图等，在这7座大殿之外，还有十几座小殿和2000多间僧舍，规模庞大，气势雄伟。贝子庙始建于乾隆八年（1743年），总面积约为1.2平方千米。由清代阿巴哈纳尔左翼旗第四代札萨克固山贝子班珠尔多尔济在西藏高僧、本寺第一世章隆班智达的建议下开始修建这座寺庙，故清廷赐名“崇善寺”。本寺的最初规模只是一座有60根柱子的楼阁式大经堂。阿巴哈纳尔左翼旗第五代札萨克固山贝子达克丹朋苏克于乾隆四十八年（1783年）开始大规模扩建。扩建后的贝子庙有2座金刚殿、药王殿、十六罗汉殿、观音殿、菩萨殿、山门殿和僧侣住宅等建筑。此外还有十大经堂。此庙达到极盛时期时，喇嘛达到1500余人，到1944年时，喇嘛仍有800余人。贝子庙第一代最高活佛罗桑班觉伦珠拉布杰学识渊博，尤为擅长医学、占卜，曾获“班智达”称号。罗桑班觉伦珠拉布杰有三位高徒，这三位高徒后来都成了活佛，故在贝子庙中，除了班智达，还有三个活佛。

在寺庙建成后的百余年间，该庙成为人们朝拜与游览的主要场所。寺内曾存有大量地反映历史和生活的壁画、铸造、雕塑、佛像几千套，各种绘画镂刻工艺品几万件，收藏各种经卷上千种。

（五）锡林郭勒文化园

锡林郭勒文化园位于锡林浩特市锡林大街西段，对面是锡林郭勒盟行政公署，东临锡林湖，占地0.72千米，是一座历史文化景区。

锡林郭勒文化园

（六）特色建筑——蒙古包

“敕勒川，阴山下，天似穹庐，笼盖四野……”这首广为流传的《敕勒歌》中所提到的“穹庐”，就是蒙古包。蒙古包是一种帷幕式的住所，圆形圆顶，通常用一层或两层羊毛毡覆盖。蒙古包是由陶脑、乌尼、哈那、毡墙和门组成的。天窗，又称“陶脑”，位于蒙古包顶中央，它可以排烟、通气照明、采光。乌尼，即蒙古包顶部的伞形骨架。哈那，即蒙古包的木质骨架。搭包时，各部分连接固定后，除天窗外，其余部分都用围毡覆盖，用马鬃马尾绳拴好拉紧即可。门框为木制，门帘用柳条和马鬃、马尾绳编织。蒙古包是适应游牧经济而出现的一种独特的具有鲜明风格的建筑。为了逐水草、便畜牧，蒙古包搭建的地点必须选择距离水草近的地方，其次还要在背风处。夏季要设在高坡通风之处，避免潮湿要选择山弯洼地和向阳之处寒气不易袭人。

后记

锡林郭勒草原火山国家地质公园位于锡林郭勒大草原腹地，毗邻锡林郭勒天然植物园、柳兰草原与白银库伦遗鸥自然保护区，地理位置得天独厚。锡林郭勒草原火山地质公园是以神奇火山地质地貌与壮美草原景观结合在一起的第四纪火山群地貌景观，是以火山地质遗迹保护和科学合理利用为主，集生态旅游观光、科研科普教育为一体的综合性国家地质公园。国家级地质公园的建立，就是践行“绿水青山就是金山银山”的理念。对于普及地学知识、开展自然教育、引导旅游事业健康发展发挥了积极作用，也为促进地方经济发展、促进乡村振兴和社区就业、增加旅游文化多元化赋予了新内涵。

《神奇火山　魅力草原》既是一本介绍锡林浩特火山地质遗迹

的科普读物，又是一本游览锡林浩特的旅游指南。

本书在编写过程中参考了白志达、杨若昕等火山岩专家发表的有关锡林浩特地区的火山地质方面的学术论文和科研成果，大量参考了王惠、韩建刚等专家编写的《锡林郭勒草原火山地质公园地质遗迹调查报告》的相关内容，并得到了锡林浩特市自然保护地管护中心的技术支持和帮助。在此，表示衷心的感谢！由于编者水平所限，不足之处在所难免，敬请读者批评指正。

编者

2021年3月